Moritz Hilgers

Pfahlbauten im Neolithikum in Süddeutschland und Alpenvorland

GRIN Verlag

Bibliografische Information der Deutschen Nationalbibliothek:

Die Deutsche Bibliothek verzeichnet diese Publikation in der Deutschen National-
bibliografie; detaillierte bibliografische Daten sind im Internet über http://dnb.d-
nb.de/ abrufbar.

Impressum:

Copyright © 2010 GRIN Verlag GmbH
Druck und Bindung: Books on Demand GmbH, Norderstedt Germany
ISBN: 978-3-656-17379-3

Dieses Buch bei GRIN:

http://www.grin.com/de/e-book/192434/pfahlbauten-im-neolithikum-in-sueddeutsch-
land-und-alpenvorland

GRIN - Your knowledge has value

Der GRIN Verlag publiziert seit 1998 wissenschaftliche Arbeiten von Studenten, Hochschullehrern und anderen Akademikern als eBook und gedrucktes Buch. Die Verlagswebsite www.grin.com ist die ideale Plattform zur Veröffentlichung von Hausarbeiten, Abschlussarbeiten, wissenschaftlichen Aufsätzen, Dissertationen und Fachbüchern.

GRIN - Your knowledge has value

Besuchen Sie uns im Internet:

http://www.grin.com/

http://www.facebook.com/grincom

http://www.twitter.com/grin_com

RWTH Aachen   13.10.2010

Geographisches Institut

Hauptseminar Physische Geographie und Geoarchäologie

Wintersemester 2010/11

Hausarbeit

Pfahlbauten im Neolithikum in

Süddeutschland und Alpenvorland

Moritz Hilgers

Moritz Hilgers

5. Semester

Studienfach: B.Sc. Angewandte Geographie

Inhaltsverzeichnis

1 Einleitung

„Die Entdeckung der Ufer- und Moorsiedlungen in den alpennahen Seen war zweifellos eine Sternstunde der archäologischen Forschung" (Schlichtherle 1997:7). Der Vorsitzende der Antiquarischen Gesellschaft in Zürich, Ferdinand Keller, interpretierte sie, nach ersten Funden im Jahre 1854, als Reste auf Plattformen errichteter Pfahlbausiedlungen. Damit wurde erstmals eine lebendige Vorstellung vom Leben jungsteinzeitlicher und bronzezeitlicher Siedlungsgemeinschaften geschaffen. Zuvor beschäftigte sich die Archäologie vor allem mit den klassischen Quellen des griechischen und römischen Altertums. Bis dahin war die Erforschung der Vorgeschichte nördlich der Alpen nur auf die Welt der Toten, auf Grabhügel und Megalithgräber gestoßen. Jetzt kamen, unter Wasser vom Luftsauerstoff abgeschlossen und in erstaunlicher Frische konserviert, Haushaltsgegenstände, Geräte für Holzbearbeitung, Wald- und Landwirtschaft, Waffen, Jagd- und Fischereigerät, Schmuck und Kleidungsgegenstände zum Vorschein. In den Kulturschichten fanden sich ganze Lagen von Kultur- und Sammelpflanzen sowie Knochen von Haus- und Wildtieren, die Einblick in Nahrungsgewohnheiten und Wirtschaft der Siedler gewährten. In Folge dieser ersten Funde setzte eine Welle von vielerorts erfolgreicher Suche in den zahlreichen Seen und Feuchtgebieten des Alpenvorlandes ein. Das „Pfahlbaufieber" griff in Italien auf die Poebene über, auch in Norddeutschland, Schweden und Schottland wurden archäologische Fundstätten in offenen und verlandeten Gewässern gesucht und gefunden. Es zeichnete sich aber schon bald aufgrund von Gemeinsamkeiten im Fundgut und der zeitlichen Einordnung deutlich ein „Pfahlbaukreis" rund um die Alpen ab (Schlichtherle 1997:7). Diese Arbeit beschäftigt sich mit den Pfahlbauten im Neolithikum in Süddeutschland und Alpenvorland. Nach einer kurzen Einführung in das Neolithikum in Mitteleuropa werden die Pfahlbauten, ihre Verbreitung, Bauweise, die Lebensweise der Pfahlbaubewohner und die Pfahlbautheorien vorgestellt. Anschließend wird auf verschiedene Methoden, die im Zusammenhang mit der Erforschung von Pfahlbauten stehen, eingegangen. Kapitel 6 zeigt eine Übersicht zur Chronologie der Pfahlbauten. Abschließend geht die Arbeit mit der Siedlung Hornstaad-Hörnle auf ein Beispiel für Pfahlbauten ein.

2 Neolithikum in Mitteleuropa

In Mitteleuropa ist die Epoche des Neolithikums, auch Jungsteinzeit genannt, etwa auf die Zeit zwischen 5500 und 2200 vor Christus datiert (Amt für Archäologie des Kantons Thurgau 7). Als wichtigstes Kriterium des Neolithikums gegenüber den vorhergehenden Kulturstufen der Steinzeit ist die seßhafte Lebensweise und Nahrungsproduktion anzuführen. Aber auch Steinschliff, Steinbohrung, Töpferei, Mahlsteine, Weben und die Weiterentwicklung von geometrischen Zeichen als Vorläufer der Schrift sowie gesellschaftliche Arbeitsteilung und Tauschhandel sind typische Merkmale dieser neuen Zeit, die zu einer starken Veränderung der natürlichen Umwelt durch den Menschen führten. „Es war die Zeit der ersten Bauern-, Hirten- und Stadtkulturen" (Hoffmann 1999:278). Der Mensch wendete sich vom reinen Jagen und Sammeln ab und begann mit Viehzucht und Ackerbau. Er wechselte von einer aneignenden Wirtschaftsweise, bei der er sich aus der Natur nahm, was sie ihm bot und er brauchte, zu einer produzierenden. Es wurde gesät, anstatt nur zu sammeln und es wurden Haustiere gehalten anstatt lediglich zu jagen. Desweiteren hegte und pflegte der Mensch Pflanzen und Tiere und züchtete neue Arten (Bick 2006:34). Dieser für die weitere Entwicklung der menschlichen Gesellschaft so bedeutende Umbruch wird auch als Neolithische Revolution bezeichnet (Preuß 1998:3). Diese Entwicklung begann bereits um 12.000-10.000 v. Chr. im Vorderen Orient mit den Anzeichen einer Domestikation von Pflanzen und Tieren. Um 7.000 v. Chr. ist diese Entwicklung unter anderem im „Fruchtbaren Halbmond" (Bezeichnung für den fruchtbaren Landschaftsbogen, der sich vom Eingang des persischen Golfes über den Nordrand der syrischen Wüste bis nach Palästina und zur Grenze Ägyptens hinzieht) schon weit verbreitet (Hoffmann 1999:278). Hier wurden Wildgetreidesorten kultiviert sowie wilde Schafe und Ziegen domestiziert und in Herden gehalten. Mit der Sesshaftigkeit entstanden dorfartige Siedlungen, auch erste Städte wie z. B. Jericho oder Damaskus. Vom Vorderen Orient wanderten diese Kulturerrungenschaften nach Nordwesten über die Mittelmeerküsten und ins Donautal bis nach Mitteleuropa. Hier etablierten sie sich neben der Lebensweise der noch wildbeuterisch lebenden Jäger- und Sammlergesellschaften der Mittelsteinzeit, welche aber allmählich diese Lebensweise aufgaben (Amt für Archäologie des Kantons Thurgau 8). Auch Schlichtherle und Wahlster (1986:8) sprechen von zwei

Ausbreitungswegen der   bäuerlichen Wirtschaftsform des Neolithikums vom Entstehungsgebiet um den „Fruchtbaren Halbmond". (siehe Abbildung 1)

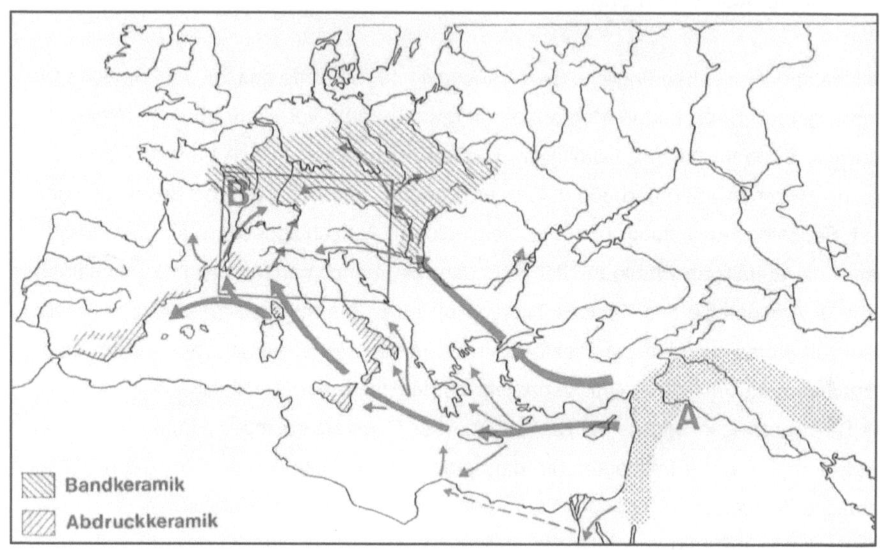

Abb.1: Die beiden Ausbreitungswege der bäuerlichen Wirtschaftsform des Neolithikums vom Entstehungsgebiet um den „Fruchtbaren Halbmond" (A) nach Süd- und Mitteleuropa. Quelle: Schlichtherle/Wahlster (1986), S. 8.

Als mögliche Ursachen für die Besiedlung fast ganz Europas (Ausnahme Nordskandinavien) durch wandernde Bauerngruppen der Linienbandkeramiker führt Hoffmann (1999:278) zum einen den erhöhten Bevölkerungsdruck an. Stabilere Nahrungsgewinnung bildete die Grundlage für eine Vermehrung der Bevölkerung und zur Konzentration an einem Ort, aber auch zu einer durch Bevölkerungsdruck erzwungenen Ausbreitung und Inbesitznahme neuer Gebiete. Zum anderen könnte eine Katastrophe die Ursache für die Besiedlung Europas gewesen sein. Um 7750 v. Chr. durchbrach das Mittelmeer den heutigen Bosporus und flutete das 150m tiefer gelegene Schwarze Meer. An manchen Stellen drang die Küstenlinie binnen 24 Stunden mehr als einen Kilometer vor und die dort lebenden steinzeitlichen Bauern und Hirten wurden vertrieben.

3 Pfahlbauten

3.1 Allgemeines/Verbreitung

Pfahlbauten ist die ursprüngliche Bezeichnung im 19. bis Mitte des 20. Jahrhunderts für Siedlungen an Seen und in Mooren, die in ganz Europa, vor allem aber in Österreich, Schweiz, Süddeutschland, Norditalien, Ostfrankreich, also um den ganzen Alpenrand herum, zwischen 4500 und 800 v. Chr. entstanden. Wissenschaftliche Bezeichnungen sind Feuchtbodensiedlung und Seeufersiedlung. Ausschlaggebend für den Begriff waren die auffälligen Pfähle in Ufergegenden, die manchmal zu tausenden vorkamen (Amt für Archäologie des Kantons Thurgau 8). Im 8. Jahrhundert, mit dem Beginn der Eisenzeit, verschwanden die Pfahlbauten für immer. Die Ursache dafür wird in einer Klimaänderung um 800 v. Chr. vermutet, bei der durch höhere Niederschlagsmengen die Seen anstiegen und es so zur Aufgabe der Seeufersiedlungen führte. Die ersten Entdeckungen der Pfahlbauten in den alpennahen Seen wurden im Jahre 1854 gemacht (Hoffmann 1999:343). An Besiedlung und Bau der Pfahlbauten sind nach Schwantes (1952:184) verschiedene steinzeitliche Gruppen beteiligt gewesen. So zum Beispiel die Michelsberger Gruppe oder die sogenannte Aichbühler Gruppe. Die räumliche Nähe jener jungsteinzeitlichen Bevölkerungen zum Wasser führte wohl ganz von selber zu dieser Art des Wohnens. Aufgrund Luftabschluss und Konservierung durch das Wasser sind diese Siedlungsstellen gegenüber dem Hinterland der Uferdörfer gut erhalten geblieben (Amt für Archäologie des Kantons Thurgau 4).

Der nachfolgende Kartenausschnitt (Abb. 2) entspricht dem eingezeichneten Bereich um die Alpen (B) aus Abb. 1 und zeigt die bedeutendsten Fundgebiete der Pfahlbauforschung in den Gebieten um die Alpen.

Abb.2 : Bedeutende Fundgebiete der Pfahlbauforschung. Quelle: Schlichtherle/Wahlster (1986), S.9.

1 *Federsee,* **2** *Oberschwaben,* **3** *Bodensee,* **4** *Thurgau,* **5** *Greifensee/Pfäffikersee,* **6** *Zürichsee,* **7** *Zugersee,* **8** *Baldeggersee,* **9** *Wauwiler-Moos,* **10** *Burgäschisee,* **11** *Bieler See,* **12** *Murtensee,* **13** *Neuchâteler See,* **14** *Genfer See,* **15** *Lac de Chalain,* **16** *Lac de Clairvaux,* **17** *Lac d´Annecy,* **18** *Lac de Bourget,* **19** *Viverone/Piverone,* **20** *Lago di Varese/Monato/Lagozza,* **21** *Lago di Garda,* **22** *Lago di Ledro/Fiave,* **23** *Lago di Fimon,* **24** *Laibacher Moor,* **25** *Mondsee,* **26** *Attersee,* **27** *Starnberger See*

3.2 Pfahlbautheorie

Im Jahre 1925 begann eine erbittert geführte Diskussion unter den Pfahlbauforschern. „Gab es überhaupt Pfahlbauten in hiesigen Breiten? Wurden ganze Dörfer oder nur einzelne Häuser auf Plattformen errichtet? Existierten sowohl ebenderdige Moorsiedlungen als auch Uferpfahlbauten und Inselsiedlungen?" (Schlichtherle 1997:8). Der Frage der ursprünglichen Lage der Pfahlbauten ging auch Reinerth (1973:11) nach (Siehe Abbildung 3). Dabei berücksichtigte er, dass eine etwa zweitausend Jahre lange Trockenperiode in die Zeit der Pfahlbauten fiel. Preuß (1998:32) spricht von Zeiträumen zwischen dem 5. Und 3. Jahrtausend v. Chr. in denen das Wasserdargebot in der Landschaft, auch im Vergleich zur Gegenwart, deutlich vermindert war.

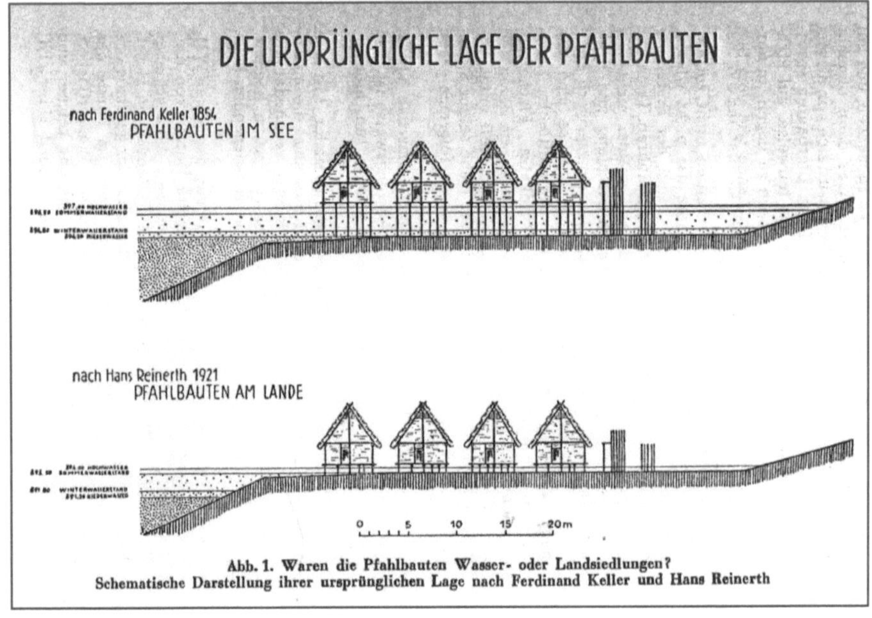

Abb. 1. Waren die Pfahlbauten Wasser- oder Landsiedlungen? Schematische Darstellung ihrer ursprünglichen Lage nach Ferdinand Keller und Hans Reinerth

Abb. 3: Die ursprüngliche Lage der Pfahlbauten. Reinerth (1973), S.11.

Auch Gustav Schwantes (1952:184) erklärte den Fundort einiger Pfahlsiedlungen im Wasser mit großen klimatischen Veränderungen. Die Errichtung setzte mit dem Beginn einer Trockenzeit ein, in deren Verlauf die Wasserlinie sich immer weiter vom ehemaligen Ufer zurückzog, so dass die jüngsten Bauten am weitesten von der ehemaligen Uferlinie entfernt liegen. Mit dem Eintritt einer niederschlagsreichen Periode am Ende der Bronzezeit (800 v. Chr.) hätten dann die Seen im allgemeinen ihre heutige Ausdehnung wieder erreicht und die Uferbauten liegen nun zum großen Teil weit draußen im Wasser. Im Verlauf der Forschungsgeschichte wurden verschiedene Hypothesen zur Rekonstruktion der Pfahlbauten entwickelt. 1854 stellt sich Keller in Zürich die Siedlungen auf einer gemeinsamen Plattform im offenen Wasser vor. Im Jahre 1922 modifizierte Reinerth diese Pfahlbautheorie (siehe Abb. 3 und 4). Die Siedlungen seien am Ufer gebaut gewesen und jeweils nur bei Hochwasser vom See erreicht worden. Ab 1942 propagierte Paret in Stuttgart die Pfahlbauten als romantischen Irrtum. Auch Vogt aus Zürich hält ab 1953 die Existenz für Pfahlbauten in Mitteleuropa für unbewiesen. Die Siedlungen wären ebenerdig am Ufer gestanden. Erst die moderne internationale Forschung ab 1970 hat bewiesen, dass es neben ebenerdigen Ufersiedlungen tatsächlich auch Pfahlbausiedlungen gegeben hat, die am überschwemmungsgefährdeten Ufer lagen oder von Inseln aus in den See hinausterrassiert wurden (Schlichtherle/Wahlster 1986:19). Die folgende Abbildung 4 verdeutlicht diese Entwicklung der Pfahlbauhypothesen.

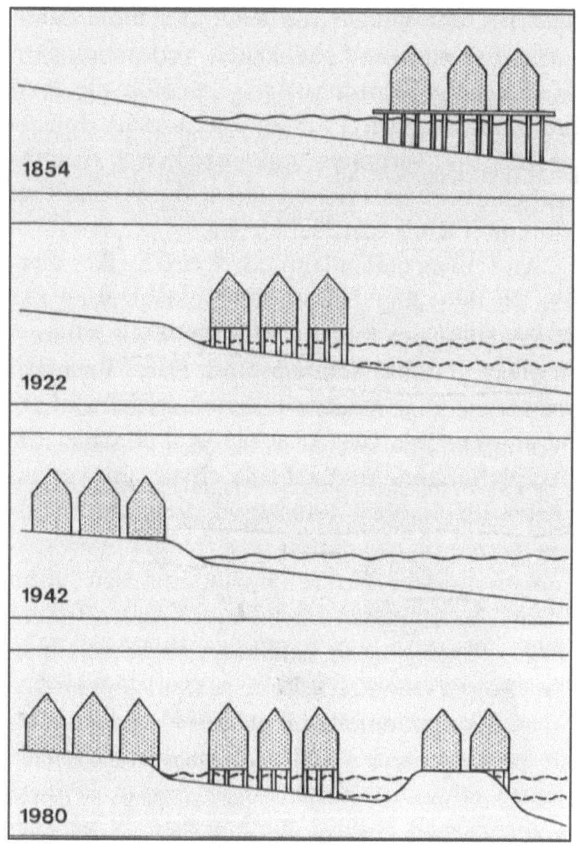

Abb. 4: Zeitlicher Ablauf der Pfahlbauhypothesen. Schlichtherle (1997), S.8.

3.3 Bauweise/Inneneinrichtung

Seeufersiedlungen und Moorsiedlungen wurden so gebaut, wie es die jeweilige Bodenfeuchte und die Hochwassergefahren erforderten. Bei fester Torfdecke war kein Unterbau erforderlich und die Bauhölzer konnten direkt auf den Baugrund gelegt werden. Nur geringe Torfauflage ließ einfache, ebenerdige Grundschwellen als tragenden Rahmen für den Holzboden zu. Bei nassem oder sumpfigem Gelände wurden Pfähle mit Traggabeln in den Untergrund getrieben. Auf denen ruhten die Querstangen zum Tragen des Fußbodens. Örtliche Gegebenheiten machten also verschiedene Siedlungs- und Bauweisen erforderlich. Häuser auf Pfählen baute man dort, wo der See durch Schmelzwasser der Alpen im Frühjahr bis zu 1,80 m stieg, im Winter aber die Uferbereiche trocken lagen. Längs- und quergelegte Hölzer mit einem Lehmestrich bildeten den Fußboden, der bei mehrfacher Ausbesserung zur Isolierung gegen die Bodenfeuchtigkeit über einen halben Meter Dicke erreichen konnte. Die Außenwände bestanden aus Rundhölzern, Zwischenwände wahrscheinlich aus Spaltbrettern und Flechtwänden mit Lehmverputz. Als Inneneinrichtung war meist ein kuppelförmiger Backofen und eine Feuerstelle vorhanden (Hoffmann 1999:343) sowie aufgehängte Häute und Matten an den Wänden. Die Siedlungen bestanden aus oft in Reihen stehenden, einzelnen rechteckigen Holzhäusern, zumeist mit Platz für nur je einen Haushalt (Müller-Beck 1998:117). Bei der Grundfläche der Gebäude in der Ufersiedlung Hornstaad spricht Bick (2006:136) von etwa 25 bis 30qm. Schwantes (1952:181) beschreibt die Häuser des Steinzeitdorfes Riedschachen am Federseemoor insgesamt größer. Der Vorplatz belief sich hier auf etwa 6x8m, die Küche auf 5x3m und der Schlafraum auf 5x5m. Vor dem Hauseingang war ein überdachter Vorplatz, von dem aus man durch die seitlich liegende 90cm breite Tür in eine kleine Küche mit Backofen kam und dann durch eine Zwischentür in einen größeren Schlafraum mit Schlafbank und offenem Herd gelangte. „Diese beiden Räume waren genau rechteckig gebaut mit lehmverschmierten Wänden aus senkrechten Bretterreihen" (Schwantes 1952:181). Die freien Plattformen vor der Haustür waren durch Stege miteinander verbunden und auf der Rückseite führte eine stegartige Treppe zu einer in den Schlafraum führenden Hintertür (Schwantes 1952:182). Die folgende Abbildung 5 zeigt eine Rekonstruktion eines Hauses der Ufersiedlung Hornstaad, welche im Kapitel 5 eingehender beschrieben wird.

Abb. 5: Rekonstruktion eines Pfahlhauses der Ufersiedlung Hornstaad. Quelle: Bick (2006), S. 136.

3.4 Lebensweise der Pfahlbaubewohner

In und bei den Pfahlhäusern fertigte man Steingeräte, wirkte man Fischernetze und webte Kleidungsstücke, in der Küche dampfte das Mahl und in den Ställen standen die Haustiere. Alle Abfälle und auch zahlreiche verlorene Sachen wie z. B. kunstvolle Fischernetze, gewebte Leinwandstücke oder geflochtene Matten sind vom Schlick des Sumpfes und Wassers oder durch die Säure des Moores gut erhalten geblieben. Desweiteren wurden auch Steingeräte und Waffen, wie Axt mit Stiel, Keulen, Hämmer, Speere, Pfeilspitzen und Hacken mit ihrer Schäftung sowie hölzerne Bogen, Dreschflegel, Kämme, Quirle in und um die Pfahlbauten gefunden. Aus Knochen fertigte man Harpunen, Nadeln, Pfriemen, Hämmer, Schmuckstücke und Druckstäbe zum Bearbeiten des Feuersteins. Als tägliche Nahrung verzehrte man Milch und Fleisch der Haus- und Jagdtiere und das aus zerriebenem Getreide hergestellte harte Brot (Schwantes 1952:182). Hauptnahrungsmittel in der Jungsteinzeit war nach Bick (2006:137) eben dieses Getreide. Berechnungen zufolge mussten schon ab dem 4.Jtsd. v. Chr. etwa 70% der Kalorien über Getreide aufgenommen werden, sonst hätten die Menschen nicht überleben können. Außerdem lieferten Hülsenfrüchte, vor allem die Erbse, wichtige Proteine. Die aus den Erträgen der Feldarbeit zubereiteten Speisen wurden durch Sammelfrüchte wie Wildäpfel, Him- und Brombeeren als auch Haselnüsse und Schlehen bereichert. Diese Früchte spielten vor allem bei Missernten der Feldfrüchte eine wichtige Rolle. Unter den Siedlungsabfällen befanden sich Massen von Fischwirbeln, die bezeugen, dass der Fischfang ebenso von großer Bedeutung war. Die Fischernetze wurden von den Seeuferbewohnern aus Flachs hergestellt, wofür in einigem Umfang Lein angebaut werden musste. Dessen Fasern dienten auch zum Weben feiner Textilien. Kleidungsgegenstände wie Hut, Umhang oder Sandale kamen bei Ausgrabungen zum Vorschein. Die Menschen der Pfahlbausiedlungen besaßen weitreichende Handelsbeziehungen. In Hornstaad wurden Schalen von Meerestieren aus dem Mittelmeer und Atlantik gefunden. (Weiteres dazu in Kapitel 5)

3.5 Warum Pfahlbauten?

Es gibt verschiedene Erklärungsmöglichkeiten für die Errichtung von Pfahlbauten. Schlichtherle und Wahlster (1986:39) machen aber deutlich, dass die Frage nach dem Warum noch nicht schlüssig beantwortet werden kann. Denn dazu muss die Forschung den Besiedlungsverlauf der Seeufer und Moorgebiete genauer erfassen und vor allem herausfinden, welche Voraussetzungen die einzelnen Standorte boten, als die Siedler mit dem Bau ihrer Häuser begannen. Helmut Schlichtherle (1997:11) beschreibt fünf solcher Erklärungsmöglichkeiten:

1. Die Zeiten hoher Siedlungs- und Bevölkerungsdichte könnten ein erhöhtes Sicherheitsbedürfnis mit sich gebracht haben. Zahlreiche Beispiele belegen, dass die Pfahlbausiedler nicht nur am Wasser wohnen, sondern möglichst weit in die Seen vordringen wollten. Andere Beispiele aus der jüngeren Vergangenheit, wie z.B. bei der Gründung Venedigs belegen die Bedeutung von Siedlungsdruck und

Sicherheitsbestrebungen bei der Wahl nasser und wasserumgebener Siedlungsstandorte.

2. Die Bauten sind in Gewässern und im Torf leicht und schnell zu errichten, denn die Pfosten können bis zu 4m tief eingedrückt werden, ohne dass man, wie auf festem Land, Pfostenlöcher ausheben muss. Wegen dem feuchten Milieu hatten die Häuser zwar nur eine sehr begrenzte Standzeit von etwa 2 – 20 Jahren. Dies spielte bei nachweislich häufiger Siedlungsverlagerung jedoch keine besondere Rolle. Vor allem bei schnellem Siedlungswechsel war das Bauen in Feuchtsedimenten geeignet.

3. In Süddeutschland kam die allgemeine Entwicklung des Hausbaus den Pfahlbausiedlern entgegen. Die Tradition des Frühneolithikums, große, schwere Langhäuser zu errichten, war abgebrochen. Es begannen sich unter dem Einfluss der sogenannten Lengyelkultur kleinere, leichte Häuser durchzusetzen. Zu diesem Zeitpunkt setzte auch die Besiedlung der Feuchtgebiete ein.

4. Die Nähe des Wassers: In Pionier- und Randgebieten spielten Jagd und Sammeltätigkeit eine größere Rolle, da sie als Ausgleich und Sicherheit bei Mißfolgen von Ernte und Tierhaltung dienten. Jagd und Fischfang sowie das Sammeln von Wildfrüchten wurde von den Pfahlbausiedlern nachweislich betrieben.

5. „Die Seen waren ideale Verkehrswege, auf denen man mit Einbäumen verkehren und leicht Personen, Waren und Baumaterial transportieren konnte" (Schlichtherle 1997:12). Auch Franz und Weninger (1927:12) sprechen in ihrer Abhandlung über den Attersee von verkehrsgeographisch wichtigen Punkten an denen die Pfahldörfer gelegen sind.

Die beiden letztgenannten Argumente können für Siedlungen in sehr kleinen Seen nicht zutreffen, da hier der Fischfang und die Schifffahrt keine sonderliche Bedeutung hatten. Beim ersten angeführte Punkt lässt sich einwenden, dass sich die große Zahl vorgeschichtlicher Kulturgruppen in den weiten Landschaften Europas auch anders zu helfen wusste. Um Sicherheit zu erlangen, legte man z. B. Höhensiedlungen an oder es wurden Erdwerke und Palisadensysteme erbaut. Bemerkenswert ist zudem, dass es in andere Seen- und Moorgebieten Europas nur sporadisch zu Feuchtbodensiedlungen kam (Schlichtherle 1997:12).

4 Methoden in der Pfahlbauforschung

4.1 Stratigraphie

Bezeichnet allgemein die Anordnung von Schichten nach ihrer zeitlichen Abfolge. Mit einem sogenannten Suchschnitt kann die Stratigraphie eines Fundortes ermittelt werden. Das Stehenlassen von senkrechten Wänden bei einer Ausgrabung ermöglicht die Beobachtung der Schichtenfolge, welche sich durch unterschiedliche Bodenverfärbungen ablesen lässt. Wenn sich diese Schichten in ursprünglicher Lagerung befinden und durch keinen nachträglichen Eingriff gestört wurden, sind die unteren älter und die oberen jünger. Bei der Stratigraphie ist nur eine relative Zeitfolge ermittelbar. Die beiden folgenden Methoden ermöglichen eine absolute Datierung (Hoffmann 1999: 366-367).

4.2 Dendrochronologie

Die Dendrochronologie ist eine Methode, die über die Jahrringe an Stammholz vorgeschichtliche Perioden datieren kann. Dabei nutzt sie die Tatsache, dass Bäume jedes Jahr einen Ring ansetzen, und zwar in einem klimatisch günstigen Jahr einen breiten, und in einem ungünstigen Jahr einen schmalen. Da Bäume recht einheitlich auf Klimafaktoren reagieren, weisen sie innerhalb derselben Art, Periode und Region die gleiche Jahrringabfolge auf, die über 50 oder mehr Jahre gesehen einzigartig und somit für einen bestimmten Zeitabschnitt typisch ist. Dieses Muster wird als Kurvendiagramm mit den Variablen Jahr und Dicke aufgezeichnet (siehe Abbildung 6 unten). Überlappen sich die Lebenszeiten zweier unterschiedlich alter Bäume, wird der entsprechende Abschnitt in ihrem Jahrringkurvendiagramm identisch sein. Durch Aneinanderreihen sich überlappender Einzeldiagramme haben Forscher eine Standardkurve erarbeitet, die rund 8000 Jahre in die Vergangenheit zurückreicht. Bick (2006:142) spricht sogar von einem Zurückreichen der mitteleuropäischen Eichenchronologie bis in die Mitte des 9. Jahrtausends v. Chr.. Es genügte daher oft bei einem archäologischen Holzstück die Jahrringbreiten zu messen und die erhaltene Kurve mit der Standardkurve zu vergleichen, um ein jahrgenaues Fälldatum zu erzielen (Amt für Archäologie des Kantons Thurgau 3). Zusammengefasst wird diese Chronologie in einem

Jahrringkalender, der in der folgenden Abbildung ausschnittsweise dargestellt wird.

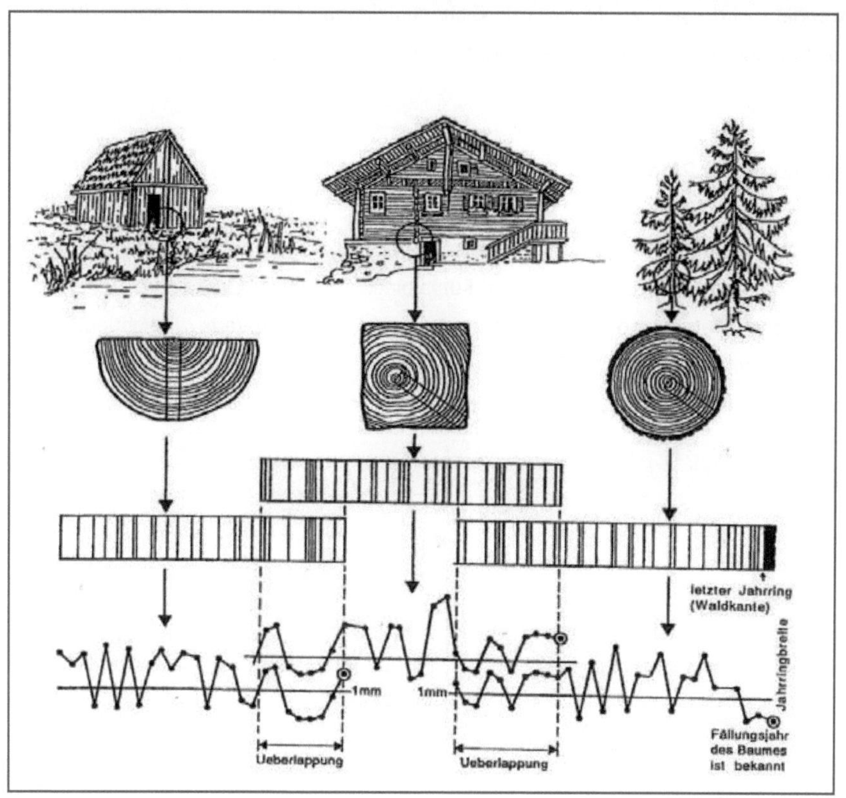

Abb. 6: Ausschnitte aus dem Jahrringkalender. Quelle: Amt für Archäologie des Kantons Thurgau, S. 3.

4.3 C14-Methode

Die C14-Methode, auch bekannt unter den Namen Radiokarbonmethode oder Radiokohlenstoffdatierung, ist ein Verfahren zur Altersbestimmung von geologischen Schichten und vorgeschichtlichen Funden in der Archäologie, die aus organischem Material (Holzkohle, Knochen etc.) bestehen (Amt für Archäologie des Kantons Thurgau 3). Sie registriert den Zerfall von radioaktivem Kohlenstoff (C-14) in organischer Materie und weist gegenüber den dendrochronologisch ermittelten Kalenderjahren

Abweichungen auf, die mit C14-Schwankungen in der Atmosphäre zusammenhängen. Angewendet wird sie z. B. wenn Eichenholzfunde fehlen und somit keine dendrochronologische Untersuchung möglich ist (Schlichtherle/Wahlster 1986:43).

5 Chronologie der Pfahlbauten

Die folgende Abbildung zeigt eine schematische und verkürzte Darstellung der Abfolge der archäologischen Kulturen im zirkumalpinen Raum. Grundlage für die chronologische Darstellung sind Daten, die mithilfe der gerade beschriebenen Methoden gewonnen wurden. Die Kulturgruppen mit Feuchtbodensiedlungen sind durch Pfahlhaussymbole gekennzeichnet. (Neolithikum = grün; Kupferzeit = braun; Bronzezeit = gelb)

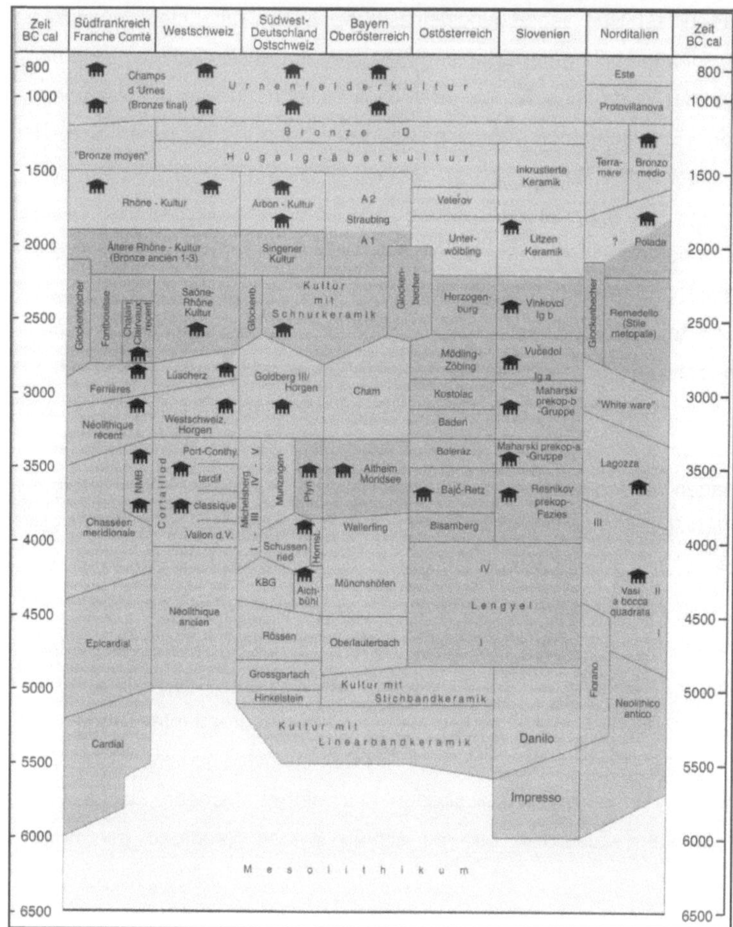

Abb. 7: Chronologietabelle. Quelle: Schlichtherle (1997), S. 124.

6 Beispiel Siedlung Hornstaad-Hörnle

Im Rahmen des von der Deutschen Forschungsgemeinschaft finanzierten Schwerpunktprogrammes „Siedlungsarchäologische Untersuchungen im Alpenvorland" wurden zwischen 1983 und 1993 in Hornstaad am westlichen Teil des Bodensees umfangreiche Ausgrabungen durchgeführt. An der Spitze der in den Untersee hineinragenden Halbinsel Höri liegen jungsteinzeitliche Dörfer mit unterschiedlicher Entstehungszeit. „Aufgrund sehr guter Erhaltungsbedingungen ist die Dorfanlage Hörnle 1 von herausragender Bedeutung für die Pfahlbauforschung Südwestdeutschlands" (Schlichtherle 1997:15). Nach einem Siedlungsbrand um 3.900 v. Chr. haben sich im Brandschutt die angekohlten Reste noch an ihren ursprünglichen Plätzen befunden (Hoffmann 1999:181). Die Ausgrabungen wurden von einem interdisziplinären Team von Naturwissenschaftlern begleitet, so dass detaillierte Erkenntnisse über Umweltrekonstruktion und Wirtschaftsweise gewonnen werden konnten. Bezüglich der Besiedlungsgeschichte des Fundplatzes wurde folgendes herausgefunden: In einer Phase vermutlich leicht sinkender Wasserstände fanden die ersten Siedler in Hornstaad eine vegetationslose Strandplatte vor. Diese wurde ab 3915 v. Chr. auf einer Grundfläche von 130m x 60m mit etwa 40 gleichzeitig bestehenden Häusern bebaut. Zäune oder Palisaden wurden dabei nicht errichtet. Die Anordnung der Häuser erfolgte in etwas unregelmäßig uferparallel verlaufenden Zeilen, wobei die nach Ost-West orientierten Gebäude mit ihren Giebeln zum See hin ausgerichtet waren. Für die Konstruktion der etwa 3,50m breiten und zwischen 8 bis 10m langen Häuser wurden in den Untergrund eingerammte Eichenpfosten (rote Hölzer (A) in Abb. 8) und, als weitere Bauelemente, auf die Strandoberfläche aufgesetzte Pfahlschuhe nachgewiesen, in die oben gegabelte Hölzer (siehe B in Abb. 8) eingezapft waren. Aufgrund ihrer Länge von bis zu 6,30m könnten sie am ehesten als Ständer des Dachgerüstes gedient haben. Die Eichenpfosten haben wahrscheinlich Hausboden und lehmverstrichene Flecht- und Spaltholzwände gehalten. Zusätzlich gab es schräg in den Seegrund gerammte Diagonalverstrebungen.

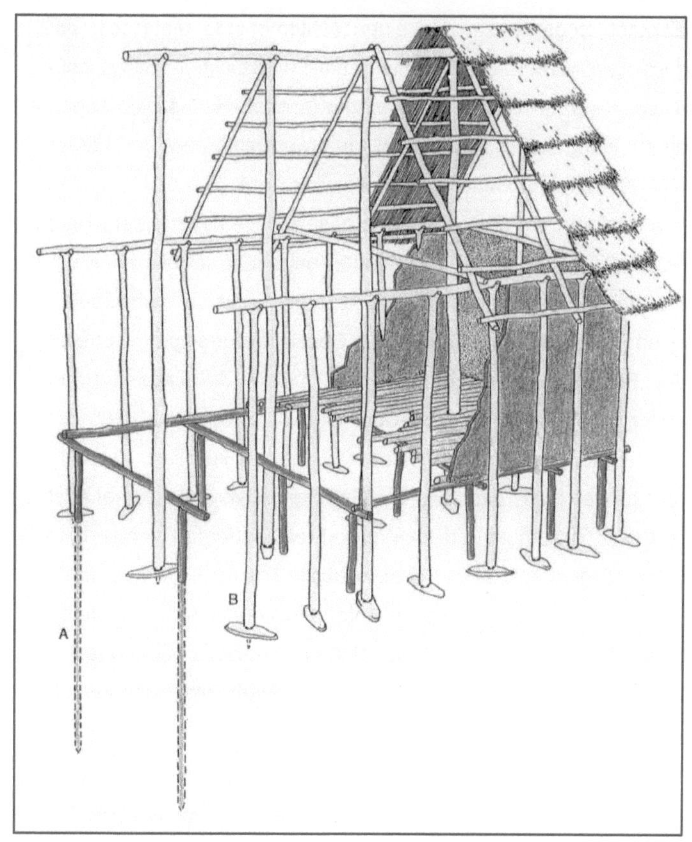

Abb. 8: Hausrekonstruktion anhand des Ausgrabungsbefundes von Hornstaad. Quelle: Schlichtherle (1997), S. 18.

Kurz nach ihrer Erbauung fiel die Siedlung einem katastrophalen Brand zum Opfer und wie in einer Momentaufnahme wurde dabei die bestehende Situation von Brandschutt überdeckt und versiegelt. Außer einer dünnen Sand- und Abfallschicht finden sich unter dem Brandhorizont keinerlei Fußbodenreste. Somit mussten für die Rekonstruktion abgehobene Hausböden angenommen werden. Außer Holzkohle und verbranntem Getreide enthält die Brandschicht zahlreiche verziegelte Lehmbrocken. Deren Kartierung lässt ehemalige Wandfluchten und damit Hausstellen erkennen. Direkt oberhalb des Brandschutts liegen weitere Abfallschichten und unverbrannte Lehme. Das deutet darauf hin, dass unmittelbar nach dem Feuer ein Wiederaufbau des Dorfes erfolgte. In einem Fall kann sogar noch von einer Weiternutzung einer teilweise erhaltenen Ruine ausgegangen werden. Die Verteilung der Fundstücke im Brandschutt zeigt deutlich, dass sie vor allem im Gebiet der nachgewiesenen Hausstellen liegen. Funktionsfähig in Zusammenhang stehende Objekte, wie etwa Mahlplatten und Läufer, sowie dicht nebeneinander aufgefundene Steinbeile, die auf einen Gerätesatz hinweisen, kommen mehrfach vor. Als gesichert kann gelten, dass hinter jedem Haus eine eigenständige Wirtschaftseinheit stand, ausgestattet mit einem jeweils ähnlichen Gerätespektrum. Eine Gegenüberstellung von Fischereigeräten und Landwerkzeugen zeigt, dass es bei diesen Tätigkeiten offenbar keine Spezialisierung gab. Getreide, welches überall in der Brandschicht aufzufinden war, belegt die Lagerung des Erntegutes in den einzelnen Gebäuden. Es stellte die Grundlage der Ernährung dar. Neben Nacktweizen und Gerste wurden auch Einkorn und Emmer kultiviert. Verkohlte Überreste von Speisen bezeugen die Herstellung von Getreidebreien und seltener auch von brotartigen Gebäcken. Zur Gewinnung fett- bzw. eiweißreicher Samen dienten Lein, Schlafmohn und die Erbse. Zudem lieferte der Lein wertvolle Flachsfasern aus denen Fischnetze und feine Textilien hergestellt werden konnten. Reste von Ackerunkräutern belegen, dass bereits im Neolithikum gründliche Bodenbearbeitung und effektive Unkrautbekämpfung durch Jäten vorherrschten. Ackerland wurde offenbar ohne kürzere oder längere Brachestadien bewirtschaftet. Eine solch dauerhafte Form des Ackerbaus war aufgrund fruchtbarer Böden im Siedlungshinterland möglich. Die Auswertung der Tierknochen zeigt eine wesentlich auf Jagdtiere hin orientierte Fleischversorgung. Der Hirsch nahm, gefolgt von Ur und Wildschwein, eine Spitzenstellung ein. Zahlreiche Netzfragmente sowie die dazugehörenden Netzsenker aus flachen Kieseln verdeutlichen die große Bedeutung des Fischfangs für die steinzeitlichen Bewohner von Hornstaad. Desweiteren blieben große Mengen verbrannter Fischwirbel in den Abfallschichten unter den Häusern erhalten. Haustiere spielten bei der Versorgung eine eher untergeordnete Rolle. Von Bedeutung war das Rind, gefolgt vom Hausschwein. Schafe, Ziegen und Hunde fehlten fast vollständig. Der Wald war vielfältiger Rohstofflieferant. Als Bauholz bevorzugte man Eichen und Eschen, aber auch weniger stabile Hölzer wie Erlen, Weiden und Pappeln kamen zum Einsatz. Die Hausdächer wurden vermutlich mit großen Rindenbahnen gedeckt. Weiterhin fanden Eichen- und Lindenbaste beim Herstellen von Textilien Verwendung. Neben Netzen, Körben und Sieben fanden sich auch Trachtenbestandteile, wie etwa Spitzhüte und Teile von Vliesgeflechten. Letztere wurden wahrscheinlich als wasserabweisende Umhänge getragen. Aus Birkenrinde schwelte man Teer aus, der wiederum als Universalklebstoff zum Befestigen von Pfeilspitzen und Feuersteinmessern, aber auch bei der Gefäßreparatur Verwendung fand. Mehrere länglich-ovale Birkenteerstücke mit menschlichen Zahnabdrücken belegen zudem die Nutzung als Kaugummi. Die Nutzung des Urwaldes führte zusammen mit den Rodungen für die Ackerflächen zu einer merklichen Veränderung des Waldbildes. Besonders die Eichen wurden immer weiter zurückgedrängt, so dass langfristig die noch heute dominierende Buche an Oberhand gewinnen konnte. Eine Landschaftsrekonstruktion verdeutlicht, dass die Anlage von Ackerflächen nur in weiterer Entfernung von der Siedlung möglich war. In den nahgelegenen feuchten Gebieten war lediglich Holznutzung möglich. Eine modellhafte Berechnung des Flächenbedarfs ergab bei einer Siedlungsgröße von 40 Wohnhäusern und etwa 200 Einwohnern eine landwirtschaftliche Nutzfläche von ca. 30ha. Fertig produzierte Beile aus den Südvogesen und zu Schmuck verarbeitete Gehäuse von Meerestieren, Dentaliumperlen und Columbellarustica-Gehäuse, die aus dem Mittelmeer oder Atlantik stammen, sowie fossile Schmuckschnecken aus dem Pariser Becken belegen ein weite Räume umspannendes Beziehungsgeflecht. Bei diesem Austausch könnte den Schmuckperlen aus weißem Kalkstein (siehe Abb. 9), deren Herstellung eine Spezialität der Bewohner von Hornstaad war, die Bedeutung eines Prestige- und Zahlungsmittel zugeschrieben werden. Zahlreiche Rohformen und verschiedene Halbfabrikate belegen die einzelnen Fertigungsabschnitte. Grob zugeschlagene Rohlinge wurden zunächst in Tönnchenform geschliffen, dann von beiden Seiten mit feinen, aus Silex gefertigten Nadelbohrern durchbohrt (Schlichtherle 1997:16-21).

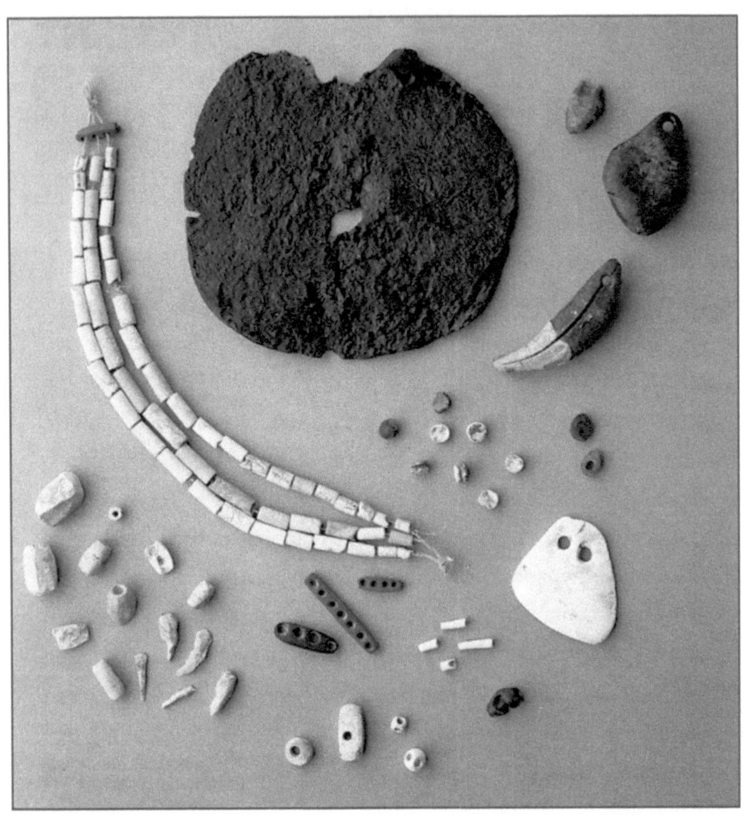

Abb. 9: Funde aus der Siedlung Hornstaad. Quelle: Schlichtherle (1997), S.20.

7 Zusammenfassung

In Mitteleuropa ist die Epoche des Neolithikums, auch Jungsteinzeit genannt, etwa auf die Zeit zwischen 5500 und 2200 vor Christus datiert. Es war die Zeit der ersten Bauern-, Hirten- und Stadtkulturen. Seßhafte Lebensweise und Nahrungsproduktion waren Hauptmerkmale dieser Zeit. Ab etwa 4500 v. Chr. begann auch die Errichtung von Pfahlbauten, eine Bezeichnung für Siedlungen an Seen und in Mooren. Diese sind vor allem im zirkumalpinen Bereich angesiedelt und sind keiner bestimmten Kulturgruppe zuzuordnen. Im 8. Jahrhundert, mit dem Beginn der Eisenzeit, verschwanden die Pfahlbauten für immer. Die Ursache dafür wird in einer Klimaänderung um 800 v. Chr. vermutet, bei der durch höhere Niederschlagsmengen die Seen anstiegen und es so zur Aufgabe der Seeufersiedlungen führte. Die ersten Entdeckungen der Pfahlbauten in den alpennahen Seen wurden im Jahre 1954 gemacht. Erst die moderne internationale Forschung ab 1970 hat bewiesen, dass es neben ebenerdigen Ufersiedlungen tatsächlich auch Pfahlbausiedlungen gegeben hat, die am überschwemmungsgefährdeten Ufer lagen oder von Inseln aus in den See hinausterrassiert wurden. Es gibt verschiedene Erklärungsmöglichkeiten für die Errichtung von Pfahlbauten. Am logischsten erscheinen die teilweise verkehrsgeografisch gute Lage am Wasser und der schnelle Aufbau. Methoden wie Stratigraphie, Dendrochronologie und die C-14-Methode ermöglichen eine zeitliche Einordnung der Pfahlbauten. Die Siedlung Hornstaad-Hörnle ist eine der ältesten jungsteinzeitlichen Ufersiedlungen am Bodensee. Aufgrund einer Brandkatastrophe und somit sehr guten Erhaltungsbedingungen sind die Pfahlbauten und die Lebensweise ihrer Bewohner gut zu rekonstruieren.

Literaturverzeichnis

Amt für Archäologie des Kantons Thurgau: Stichworte zu Pfahlbau.
<http://www.pfahlbauervonpfyn.tg.ch/documents/Lexikon.pdf>   abgerufen   am
07.10.2010.

Bick, A. (2006): Die Steinzeit. Stuttgart: Konrad Theiss Verlag.

Franz, L./Weninger, J. (1927): Die Funde aus den prähistorischen Pfahlbauten im
Mondsee. Wien: Materialien zur Urgeschichte Österreichs (= 3. Heft)

Hoffmann, E. (1999): Lexikon der Steinzeit. München: Verlag C.H. Beck.

Müller-Beck, H. (1998): Die Steinzeit. München: Verlag C.H. Beck.

Preuß, J. (1998): Das Neolithikum in Mitteleuropa Band 1/1. Weissbach: Beier &
Beran.

Reinerth, H. (1973[10]): Pfahlbauten am Bodensee. Überlingen: Verlag von August Feyel.

Schlichtherle, H. (1997): Pfahlbauten rund um die Alpen. Stuttgart: Archäologie in
Deutschland (= Sonderheft).

Schlichtherle, H./Wahlster, B. (1986): Archäologie in Seen und Mooren (Den
Pfahlbauten auf der Spur). Stuttgart: Konrad Theiss Verlag.

Schwantes, G. (1952): Deutschlands Urgeschichte. Stuttgart. Kosmos.

Abbildungsverzeichnis